BEI GRIN MACHT SICH IHR WISSEN BEZAHLT

- Wir veröffentlichen Ihre Hausarbeit, Bachelor- und Masterarbeit

- Ihr eigenes eBook und Buch - weltweit in allen wichtigen Shops

- Verdienen Sie an jedem Verkauf

Jetzt bei www.GRIN.com hochladen und kostenlos publizieren

Viktoria Woziwoda

Klebstoffe – Was die Welt zusammenhält

GRIN Verlag

Impressum:

Copyright © 2011 GRIN Verlag, Open Publishing GmbH
Druck und Bindung: Books on Demand GmbH, Norderstedt Germany
ISBN: 978-3-640-99965-1

Dieses Buch bei GRIN:

http://www.grin.com/de/e-book/172497/klebstoffe-was-die-welt-zusammenhaelt

Görres-Gymnasium
Königsallee 57
40212 Düsseldorf

Facharbeit

im Leistungskurs Chemie der Jahrgangsstufe 12

des Luisen - Gymnasiums

„Klebstoffe – Was die Welt zusammenhält"

Verfasserin: Viktoria Woziwoda

Schuljahr: 2010/11

Verfassungszeitraum: 25.1.2011 – 8.3.2011

Inhaltsverzeichnis

1. Einleitung

Klebstoffe spielen in unserem Leben eine große Rolle, denn sie lösen mit der Zeit viele Fügetechniken, wie zum Beispiel das Schweißen ab.

Jedoch wissen die wenigsten, in wie vielen Bereichen des alltäglichen Lebens, jedoch auch in hochspezialisierten Fällen Klebstoffe verwendet werden. Deshalb habe ich mich entschieden, meine Facharbeit über dieses Thema zu schreiben.

Durch die heutzutage hochmodernen Produktionsmöglichkeiten und die weit fortgeschrittene Forschung kann man heute fast alle technischen Werkstoffe miteinander verbinden.

Die Produktions- und Verbrauchszahlen zeigen die enorme Bedeutung von Klebstoffen: allein in Deutschland werden jährlich 500.000 Tonnen Klebstoff produziert und verbraucht.

Es ist erstaunlich, was für eine große Vielfalt es an Klebstoffen gibt. Einer muss Werkstücke in eisigen Temperaturen zusammenhalten, der andere muss hunderten von Grad standhalten ohne seine Klebeeigenschaften zu verlieren. Ebenso kann man die Art der Fügung durch die Wahl des entsprechenden Klebstoffes bestimmen: soll sie elastisch oder extrem stabil sein?

Auch die Vielfalt der verschiedenen Klebstoffe kann man an einer Zahl zeigen: die Hersteller bieten über 25.000 verschiedene Klebstoffe; für (fast) jeden Zweck.

Dieser Variabilität liegen die verschiedenen chemischen Eigenschaften der einzelnen Klebstoffe zugrunde.

Klebstoffe sind jedoch keine Erfindung der letzten Jahre, oder gar des Menschen.

In der Natur gibt es zahlreiche Beispiele für Klebstoffe:

Zum Beispiel die Honigbiene: zum Nestbau nutzt sie Wachs, welcher bei der Körpertemperatur der Biene flüssig ist und nach dem Abkühlen erstarrt und in seine Form beibehält. Somit ist der Wachs ein Beispiel aus der Natur für Schmelzklebstoffe.

Die Vorlage für Dispersionsklebstoffe stammt ebenfalls aus der Natur.

Die Feldwespe zerkleinert Holz, indem sie mit Schabbewegungen ihrer Kauwerkzeuge die Zellulosefasern grob zerkleinert. Danach frisst sie die Fasern und verkürzt chemisch durch ein Verdauungssekret die Fasern weiter. Mit dieser Masse formt sie ihr Nest. Beim Verdunsten des Wassers verfilzen die Fasern und der Klebstoff wird fest.

Auch die Flora bietet ein Beispiel für Dispersionsklebstoffe.

In der Gummimilch des Gummibaumes ist Naturlatex, welcher aus Polymeren besteht, gelöst. Beim Verdampfen des Wassers wird aus den Polymeren eine sehr beständige Klebung.

Aufgrund der Komplexität der Chemie der Klebstoffe ist es erstaunlich, wie lang die Geschichte der Verwendung von Klebstoffen durch den Menschen ist.

Vor etwa 5000 Jahren nutzten die Menschen in Ägypten und Mesopotamien Asphalt aus natürlichen Vorkommen zum Fertigen von Mosaiken und vermischt mit Harzen als Dichtungsmittel für Boote.

Um 1500 wurde der Kautschuk, welcher schon lange von Azteken und Mayas genutzt wurde, nach Europa gebracht.

Nach der Entdeckung der Grundlagen der makromolekularen Chemie durch Max Staudinger im Jahre 1921 ging die Entdeckung und Entwicklung neuer Klebstoffe rasant voran.

1928 wurde in den USA erstmals Polyvinylchlorid hergestellt und das als „Plexiglas" bekannte Polymethylmethacrylat von der Firma Röhm & Haas.

1930 wurde Polystyrol, welches zum Beispiel zur Herstellung von Bechern und Tischtennisbällen genutzt wird, technisch hergestellt.

Ein Jahr später entwickelten die Firmen BASF die erste stabile Kunststoff-Dispersion auf der Basis von Acrylsäureestern und Vinylacetat.

Im Jahre 1936 wurde die Polymerisation zur Herstellung von Epoxidharzen genutzt, welche ein Jahr später patentiert wurden.

In den USA entdeckte C. Ellis die schnelle Härtbarkeit von ungesättigten Polyestern mit Styrol durch Peroxide.

Die Polyaddition von Polyurethanen wurde von O. Bayer erstmals im Jahre 1937 durchgeführt.

1958 kam der erste Cyanacrylat-Klebstoff in den USA auf den Markt, zwei Jahre später dann auch in Deutschland.

Ab 1990 wurden Klebstoffe entwickelt, welche durch diverse Mechanismen aushärten, zum Beispiel durch UV-Strahlung.

Ab 2000 wurden auch Klebstoffe entwickelt, welche sich gut recyceln lassen um die Umwelt zu schonen.[1]

Dies war nur ein kurzer Einblick in die umfangreiche Geschichte der Klebstoffe. Auch in Zukunft wird es immer mehr neue und bessere Klebstoffe geben, denn die Forschung ist noch nicht an ihre Grenzen gelangt.

Ich werde mich in meiner Facharbeit lediglich auf eine Auswahl von Klebstoffen, welche auf organischen, künstlich hergestellten Verbindungen beruhen, beschränken, da das Eingehen auf sämtliche Klebstoffe zu umfangreich wäre.

2. Allgemeines zu Klebstoffen

2.1 Was sind Klebstoffe?

„Nach DIN EN 923 wird ein Klebstoff definiert als „nichtmetallischer Werkstoff, der Fügeteile durch Flächenhaftung, Adhäsion (→ 2.2.1), und innere Festigkeit , Kohäsion (→ 2.2.2), verbinden kann".“[2]

Die nationale DIN-NORM 16920 gleicht der europäischen Norm, besitzt jedoch den Zusatz, dass sich die Oberfläche und die Form der Werkstücke nicht verändert.[3]

Klebstoffe bestehen aus Makromolekülen, den sogenannten Polymeren. Diese Polymere gehen aus chemischen Reaktionen der entsprechenden Monomere hervor.[4]

2.1.1 Monomere

Monomere sind die Grundbausteine der Polymere. Sie werden in einer chemischen Reaktion (z.B. Polymerisation) zu Polymeren zusammengefügt.

Als wesentliche Elemente sind am Aufbau der organischen Klebstoffe Kohlenstoff, Wasserstoff, Schwefel, Sauerstoff, Stickstoff, Chlor und Silizium beteiligt.[5]

---

1 vgl. Fonds der chemischen Industrie, 2001, Seite 11, 12
2 http://de.wikipedia.org/wiki/Klebstoff
3 vgl. http://www.chemieonline.de/forum/showthread.php?t=55553
4 vgl. Glöckner, 1982, Seite 4
5 vgl. Habenicht, 1986, Seite 6

„Als Monomere reagieren:

- Moleküle mit mindestens einer reaktionsfähigen Doppelbindung
- Moleküle mit reaktionsfähigen funktionellen Gruppen unter Abspaltung niedermolekularer Nebenprodukte (z.B. Wasser, Ammoniak, Chlorwasserstoff)
- Moleküle mit reaktionsfähigen Gruppen ohne Abspaltung von Nebenprodukten. Dabei werden Wasserstoffatome übertragen"[6]

Man unterscheidet zwischen monofunktionalen, bifunktionalen und trifunktionalen Monomeren. Die Fähigkeit, ob und wie viele Bindungen ein Monomer ausbilden kann ist entscheidend für die späteren Eigenschaften des entstehenden Polymers.[7]

Monofunktionale Monomere sind für die Polymerisationsreaktionen nicht zu gebrauchen, da sie nicht in der Lage sind zu Polymeren zu reagieren, weil sie keine Bindung zu anderen Monomeren ausbilden können.

Bifunktionale Monomere sind in der Lage zwei Bindungen einzugehen und trifunktionale drei Bindungen. Deshalb sind diese beiden Monomerarten für die Bildung von Polymeren geeignet.

Als mögliche Reaktionen zur Polymerbildung werden generell unterschieden:

- Polymerisation ($\rightarrow$ 5.1)
- Polyaddition ($\rightarrow$ 5.2)
- Polykondensation ($\rightarrow$ 5.3)[8]

2.1.2 Polymere

„Je nach Funktionalität der reaktionsfähigen Gruppen in einem Monomer kommt es zur Ausbildung unterschiedlicher Polymerstrukturen."[9]

Verbindet man bifunktionale Monomere miteinander, so entstehen lineare, unverzweigte Polymere.[10]

Bilden einige Monomere mehr als zwei Bindungen aus, kommt es zu Verzweigungen zwischen den Molekülketten.

---

6 Glöckner, 1982, Seite 4
7 vgl. Glöckner, 1982, Seite, 4, 5
8 vgl. Habenicht, 1986, Seite 9
9 Habenicht, 1986, Seite 9
10 vgl. Glöckner, 1982, Seite 5

Verbindet sich die Mehrzahl der Monomere oder Zwischenprodukte jeweils an drei Stellen miteinander, so entstehen räumlich vernetzte Makromoleküle. Im idealen Endzustand besteht das gebildete Monomer aus einem einzigen in sich chemisch gebundenen Molekülnetz.

Die chemischen, physikalischen und mechanischen Eigenschaften der Polymerschichten sind abhängig vom strukturellen Aufbau der Makromoleküle.[11]

„Reagiert nur eine Monomerart, ist das entstehende Produkt ein Homopolymer; werden zwei verschiedene Monomerbausteine umgesetzt, entsteht ein Copolymer."[12]

Thermoplaste: „Thermoplaste sind aus sehr langen, unvernetzten Molekülketten aufgebaut, die von zwischenmolekularen Kräften im festen Verbund zusammengehalten werden."[13] „Diese Bindungskräfte sind wirksamer, wenn die Ketten parallel ausgerichtet sind. Solche Bereiche nennt man kristallin."[14]

„Es gibt jedoch auch amorphe Thermoplaste. Amorph bedeutet, dass die Polymerketten unregelmäßig, zufällig angeordnet sind; sie haben keine regelmäßige Orientierung wie in einem Kristall."[15]

Unter thermoplastisch versteht man, dass das Polymer beim Erhitzen schmilzt, ohne zerstört zu werden, und beim Abkühlen wieder hart wird.[16] Dies ist der Grund, weshalb Thermoplaste keine große Hitzebeständigkeit besitzen.

„Sie sind in der Lage, reversible Zustandsänderungen zu durchlaufen."[17] Dazu muss das Material in einen thermoplastischen Zustand, welcher bei der Glasübergangstemperatur erreicht wird, gebracht werden. In diesem Aggregatzustand ist es nicht mehr formstabil und kann eventuell nicht mehr in seine Ursprungsform zurückgebracht werden.[18]

Neben dem thermoplastischen Aggregatzustand gibt es bei den Thermoplasten den festen Aggregatzustand.

Vor dem Erwärmen und nach dem Abkühlen sind Thermoplaste fest, was nicht

---

11 vgl. Habenicht, 1986, Seite 9, 10
12 Glöckner, 1982, Seite 5
13 Ebeling, 2009, Seite 9
14 http://de.wikipedia.org/wiki/Thermoplast
15 vgl. Hart, 2007, Seite 521
16 vgl. Hart, 2007, Seite 521
17 Habenicht, 1986, Seite 10
18 vgl. http://de.wikipedia.org/wiki/Thermoplast

gleich steif bedeutet. Viele Thermoplaste sind auch im festen Zustand flexibel und manche können auch im festen Zustand bearbeitet und in der Form verändert werden.

Im thermoelastischen Zustand kann das Material in seiner Form verändert werden, behält aber seine Ursprungsform bei.

Wenn der Bereich der Thermoplastizität (durch weitere Erhitzung) überschritten ist, wird das Material flüssig. Bei weiterer Erhitzung verflüchtigt sich das Material und zersetzt sich in seine Grundbestandteile.[19]

„Trotz ihrer Schmelzbarkeit sind Thermoplaste in ihrem Anwendungstemperaturbereich wesentlich härter und steifer als Elastomere."[20]

Duroplaste: (in diverser Literatur auch unter „Duromere" zu finden)

„Duroplaste bestehen aus einem makromolekular aufgebauten Raumnetzmolekül mit engmaschiger Verknüpfung über chemische Bindungskräfte."[21]

Durch die räumlich enge Vernetzung lassen sich Duroplaste auch bei hohen Temperaturen nicht verformen. Sie liegen nach dem irreversiblen Aushärtungsprozess in einem starren, zum Teil auch spröden, amorphen Zustand vor. Die geringe Verformbarkeit rührt von der allseitigen Verbindung der Moleküle untereinander. Dadurch sind sie nicht gegeneinander verschiebbar.[22]

Elastomere: „Elastomere sind kettenförmige Makromoleküle, die durch wenige chemische Vernetzungsbrücken zu einem weitmaschigen Raumnetzmolekül miteinander verbunden sind."[23]

Sie können bis zum Temperaturbereich der chemischen Zersetzung nicht fließfähig gemacht werden, sondern sind weitgehend temperaturunabhängig gummielastisch reversibel verformbar.[24]

2.2 Die Bindungskräfte

Die Festigkeit und Haltbarkeit einer Klebung hängt hauptsächlich von drei Faktoren ab: von der Festigkeit der Fügeteile selbst, der Verbindung zwischen den Klebstoff und dem Fügeteil und der Festigkeit der Klebeschicht selbst.

---

19 vgl. http://de.wikipedia.org/wiki/Thermoplast
20 http://www.kofler-dichtungen.at/technik/werkstoffe/elastomereplastomere/index.php
21 Ebeling, 2009, Seite 9
22 vgl. Habenicht, 1986, Seite 10
23 Ebeling, 2009, Seite 9
24 vgl. Habenicht, 1986, Seite 9

Deshalb ist eine Klebung nur so stark, wie das schwächste Glied der Bindung.[25]

2.2.1 Adhäsion

„Als Adhäsion bezeichnet man das Haften gleich- oder verschiedenartiger Stoffe aneinander [...].“[26]

Die Reichweite der Adhäsionskräfte ist relativ gering (ca. 1 µm).[27] Versucht man zum Beispiel einen zerbrochenen Glasstab durch Zusammendrücken wieder zusammenzufügen, so stellt man fest, das dies nicht möglich ist. Dies liegt daran, dass die Bruchstellen aus Sicht der Atome und Moleküle nicht so glatt ist, wie sie von uns wahrgenommen werden. Beim Andrücken können nur wenige Teilchen diesen geringen Abstand zur Kräfteentwicklung erreichen. Deshalb kann keine genügend große Adhäsionskraft ausgebildet werden, dass die Stücke zusammenhalten.[28]

Mit Klebstoffen ist es möglich, so geringe Abstände zwischen Klebstoff und Werkstück zu erreichen, dass Adhäsion entstehen kann. „Jeder Klebstoff wird flüssig auf die zu klebende Fläche aufgetragen. Dadurch soll er in die mikroskopischen Vertiefungen der Feststoffoberfläche eindringen und Adhäsion ausbilden.“[29]

Voraussetzung für die Ausbildung von Adhäsionskräften ist unter anderem die Benetzung. (→ 2.3)

Man unterscheidet drei verschiedene Adhäsionsarten, welche unterschiedliche Bindungslängen überbrücken können und Bindungsenergien besitzen:

– spezifische Adhäsion

– mechanische Adhäsion

– Autoadhäsion[30]

Spezifische Adhäsion: Die spezifische Adhäsion macht einen Großteil der Adhäsionskräfte aus.

Der Wirkungsbereich liegt bei etwa 0,2 bis 1,0 nm.[31]

Die spezifische Adhäsion wird durch Van-der-Waals-Kräfte oder Dipolkräfte

25 vgl. Fonds der chemischen Industrie, 2001, Seite 15
26 Fonds der chemischen Industrie, 2001, Seite 14
27 vgl. http://www.uni-bayreuth.de/departments/didaktikchemie/umat/klebstoffe/klebstoffe.htm
28 vgl. Großberger, 1989, Seite3, 4
29 Großberger, 1989, Seite 6
30 vgl. Habenicht, 1986, Seite 165
31 vgl. Habenicht, 1986, Seite 165

zwischen Klebschicht und Werkstück hervorgerufen. „Echte chemische Bindungen treten nur bei sehr wenigen Kombinationen von Fügeteilen und Klebstoffen auf, z.B. zwischen Silikon und Glas oder Epoxidharz und Aluminium."[32] Zu den chemischen Bindungen zählen kovalente, metallische und ionische Bindungen. Die unterschiedlichen Bindungsarten besitzen unterschiedliche Bindungslängen und Bindungsenergien.[33]

Mechanische Adhäsion: Von mechanischer Adhäsion spricht man, wenn flüssiger Klebstoff in Vertiefungen einer porösen Oberfläche eindringt und sich dort verfestigt. Besonders durch aushärten in gebogenen Kapillaren oder Hinterschneidungen wird ein Herausgleiten der Klebeschicht bei Belastung verhindert.

Man muss jedoch zwischen einer mechanischen Verklammerung, wie oben beschrieben, und einer durch die Rauheit einer vorbehandelten metallischen Oberfläche vergrößerten Haftfestigkeit unterscheiden. Diese bietet keine Voraussetzungen für eine wirkliche Hinterschneidung, sondern stellt nur eine Vergrößerung der Oberfläche dar.

„Von einer mechanischen Adhäsion kann auch dann gesprochen werden, wenn die Fügeteiloberfläche durch den flüssigen Klebstoff angelöst oder angequollen wird, so dass im Bereich der Grenzfläche ein Diffusionsprozess und somit eine Molekülverklammerung zwischen den beteiligten Partnern stattfindet."[34]

Autoadhäsion: Sie triff in der Regel nur beim Zusammenbringen kautschukelastischer Polymerschichten aus dem gleichen Material auf. Voraussetzung für Autoadhäsion ist eine große Beweglichkeit der Makromoleküle, die unter Druck zu einer gegenseitigen Diffusion mit nachfolgender Verklammerung von Kettensegmenten fähig sind.[35]

„In der Adhäsionszone weist der Klebstoff durch die Haftung an der Oberfläche der Fügeteile eine modifizierte chemische Struktur und Zusammensetzung auf, die von Zustand in der Kohäsionszone abweicht."[36]

---

32 Wagner, 2004, Seite 6
33 vgl. Wagner, 2004, Seite 5 Tabelle 1
34 Habenicht, Seite 169, 170
35 vgl. Habenicht, Seite 169
36 Fonds der chemischen Industrie, 2001, Seite 14

2.2.2 Kohäsion

Unter Kohäsion versteht man das Wirken von Anziehungskräften zwischen gleichartigen Atomen, beziehungsweise Molekülen des selben Stoffs.[37]

Folgende molekulare Kräfte wirken in der Kohäsionszone:

- die chemischen Bindungen innerhalb der Polymere

- die chemischen Bindungen, die zur Vernetzung der Polymere führen

- die mechanische Verklammerung zwischen den Klebstoffmolekülen

In der Kohäsionszone weist der Klebstoff seine nominellen Kunststoffeigenschaften auf, welche vom Hersteller angegeben werden.

Die maximale Belastbarkeit einer Klebung ist erreicht, wenn sie nicht in der Adhäsionszone, sondern in der Kohäsionszone bricht.

Ist die Übergangszone, die eigentlich zwischen Adhäsionszone und Kohäsionszone liegt und in der der Klebstoff veränderte chemische, mechanische und optische Eigenschaften aufweist, sehr dick, so spielen die Eigenschaften der dann nicht vorhandenen Kohäsionszone keine Rolle mehr, sondern das Verhalten der gesamten Klebung hängt von der Übergangszone ab. Dieser Fall tritt ein, wenn die Klebung und somit auch die Übergangszone sehr dick ist oder die Klebung sehr dünn ist und somit keine Kohäsionszone vorhanden ist.[38]

2.3 Benetzung

„Grundvoraussetzung zur Ausbildung der adhäsiven Grenzschicht ist eine gute Benetzung der Oberfläche des Fügeteils durch den flüssigen Klebstoff."[39] Diese ist durch die unterschiedlichen Oberflächenenergien des Klebstoffs und des Fügeteils möglich. Je höher die Oberflächenenergie des Fügeteils und je niedriger die Oberflächenenergie des Klebstoffes, desto besser kann der Klebstoff in die mikroskopisch kleinen Zerklüftungen des Fügeteils dringen. Dadurch können viele Berührungspunkte geschaffen werden, an denen die Adhäsionskräfte entstehen können. Deshalb lassen sich Oberflächen mit einer niedrigen Oberflächenenergie nur schlecht benetzen.[40]

Es spielen jedoch auch noch andere Faktoren eine wichtige Rolle.

---

37 vgl. Habenicht, 1986, Seite 170
38 vgl. Fonds der chemischen Industrie, 2001, Seite 15
39 Fonds der chemischen Industrie, 2001, Seite 16
40 vgl. Großberger, 1989, Seite 7, 8

Einer der Partner, in diesem Fall der Klebstoff, muss flüssig genug sein, damit eine gute Dipolorientierung erfolgen kann. Dazu ist eine niedrige Viskosität erforderlich.[41] Sie darf jedoch auch nicht zu niedrig sein, damit der Klebstoff nicht abfließen kann. Wenn die Viskosität zu hoch ist, kann der Klebstoff das Werkstück nicht ausreichend gut benetzen, und somit können nur unzureichende oder gar keine Adhäsionskräfte ausgebildet werden.

Noch ein weiterer wichtiger Faktor ist entscheidend für die Ausbildung von guten Adhäsionskräften: der Anteil der chemisch oder physikalisch aktiven Strukturen der Fügeteiloberfläche und des Klebstoffes.

Ein gutes Beispiel ist Edelstahl. Der besitzt zwar eine hohe Oberflächenspannung, und ist somit gut benetzbar, jedoch ist er sehr bindungsträge und bietet so nur schlechte Adhäsionsmöglichkeiten auf der Oberfläche.[42]

Haftvermittler: Haftvermittler werden eingesetzt, um die Ausbildung von physikalischen und chemischen zwischenmolekularen Kräften zu ermöglichen oder zu verstärken. Sie wirken wie eine Brücke zwischen dem Fügeteil und dem Klebstoff, indem sie chemische Bindungen mit den Partnern ausbilden.[43]

2.4 Oberflächenbehandlung

Nach Betrachtung der grundlegenden Wirkmechanismen des Klebens werden folgende Anforderungen an die Beschaffenheit des Fügeteils gestellt:

- die Oberfläche muss gut benetzbar sein, das heißt, der Klebstoff, darf nicht von ihr abperlen
- die Oberfläche muss in der Lage sein zwischenmolekulare und chemische Wechselwirkungen zu den Klebstoffmolekülen aufzubauen
- die Oberfläche darf sich nach dem Kleben nicht mehr unkontrolliert verändern [44]

Um dies zu erreichen, müssen die Oberflächen der Fügeteile behandelt werden. (Siehe Anhang, Abbildung 1.)

41 vgl. Habenicht, 1986, Seite 172
42 vgl. Fonds der chemischen Industrie, Seite 16
43 vgl. Habenicht, 1986, Seite 70, 71
44 vgl. Fonds der chemischen Industrie, 2001, Seite 17, 18

2.4.1 Oberflächenvorbereitung

Zur Oberflächenvorbereitung zählen unter anderem das Säubern und Entfetten.

Das Säubern dient dem Entfernen von anhaftenden Schmutz wie Rost, Farben und Lacken.

Das Entfetten ist sehr wichtig für eine einwandfreie Benetzung.

Der Erfolg der Entfettung kann mit destilliertem Wasser kontrolliert werden. Benetzt was Wasser die Oberfläche gut, so wird es der Klebstoff auf tun, da dieser ein besseres Benetzungsverhalten besitzt als Wasser.[45] (Siehe Anhang, Abbildung 2.)

2.4.2 Oberflächenvorbehandlung

Die Oberflächenvorbehandlung dient dem Zweck, Fremdschichten wie zum Beispiel Rost zu entfernen, da diese die Bildung von Adhäsion verhindern.

Die mechanische Oberflächenvorbehandlung hat gegenüber der chemischen Oberflächenvorbehandlung den Vorteil, dass keine aggressiven oder gesundheitsschädlichen Chemikalien zum Einsatz kommen. Deshalb wird die chemische Oberflächenvorbehandlung nur in Ausnahmefällen, zum Beispiel beim Flugzeugbau angewendet.[46]

Bei der mechanischen Oberflächenvorbehandlung sind Schleifen, Bürsten, Schmirgeln oder Strahlen die wichtigsten Verfahren. Die vorherige Entfettung ist dringend notwendig, da eventuell vorhandene Fettrückstände auf der Oberfläche verteilt werden oder in feine Poren oder sonstige Vertiefungen gepresst werden könnten.[47]

2.4.3 Oberflächennachbehandlung

„Eine Oberflächennachbehandlung wird durchgeführt, wenn die Haftungseingenschaften einer Oberfläche weiter verbessert werden sollen oder Klebungen besonders harten Beanspruchungen, z.B. durch Feuchtigkeit und Korrosion, ausgesetzt sind."[48]

Ein weiterer Zweck der Oberflächennachbehandlung ist das Verhindern der Ausbildung einer haftungshemmenden Schicht durch zum Beispiel

---

45 vgl. Habenicht, 2001, Seite 67, 68
46 vgl. Habenicht, 2001, Seite 71
47 vgl. Habenicht, 2001, Seite 69
48 Habenicht, 2001, Seite 73

Feuchtigkeitseinwirkung vor dem Klebstoffauftrag. Dies kann zum Beispiel durch eine entsprechende Klimatisierung erreicht werden.[49]

3. Einteilung von Klebstoffen

„Die bei Kunststoffen übliche Einteilung in Duromere, Thermoplasten und Elastomere ist bei Klebstoffen wenig hilfreich. So gibt es zum Beispiel verschiedene Polyurethanklebstoffe, die als Duromere, als Elastomere und Thermoplasten aushärten."

Zur Klassifizierung von Klebstoffen haben sich zwei Kriterien bewährt: zum einen die chemische Basis, zum anderen der Verfestigungsmechanismus.[50] (Siehe Anhang, Abbildung 3und 4)

4. Physikalisch abbindende Klebstoffe

Physikalisch abbindende Klebstoffe liegen beim Auftragen bereits in ihrem chemischen Endzustand vor, weshalb in der Klebefuge keine chemische Reaktion mehr stattfindet und es sich grundsätzlich um Einkomponentenklebstoffe handelt. Deshalb müssen die verwendeten Polymere in der Lage sein verflüssigt zu werden. Dies kann durch erhöhte Temperaturen oder Lösungsmittelsysteme geschehen. Diese Voraussetzung erfüllen nur schmelzbare und lösliche Thermoplaste.

In bestimmten Fällen ist es möglich stark aufquellbare, gering vernetzte Elastomere zu verwenden, obwohl sie streng genommen nicht löslich sind.[51]

„Bei physikalisch abbindenden unterscheidet man folgende Abbindemechanismen:

- Selbsthaftung von lösungsmittelfreien Klebschichten auf einem Fügeteil oder beiden Fügeteilen (z.B. bei Haftklebstoffen)
- Kontakt von zwei benetzen und abgelüfteten Klebflächen unter Druckanwendung (z.B. bei Kontaktklebstoffen)
- Verdunsten von Wasser bzw. organischen Lösungsmitteln (z.B. Lösungsmittelklebstoffe, Dispersionsklebstoffe)
- Erstarren einer Schmelze (z.B. Schmelzklebstoffe, Heißsiegelklebstoffe)

---

49 vgl. Habenicht, 2001, Seite 73
50 Fonds der chemischen Industrie, 2001, Seite 19
51 vgl. Habenicht, 1986, Seite 5; Fonds der chemischen Industrie, 2001, Seite 20

   – Gelatinierung (Plastisole)

Im Folgenden werde ich die Funktionsweise und Anwendungsgebiete einiger physikalisch abbindender Klebstoffe erläutern.

4.1 Schmelzklebstoffe

Schmelzklebstoffe, auch Hotmelts genannt, liegen in Form von Blöcken, Stangen, Granulat, Pulver oder Folien vor. Zum Aufbringen des Klebstoffs muss er geschmolzen werden, wobei er nach dem Abkühlen schnell seine innere Festigkeit erreicht. Schmelzklebstoffe neigen bei erhöhter Temperatur und Dauerbelastung zum Kriechen. Mit dieser Klebstoffart lassen sich thermisch lösbare und wiederherstellbare Klebungen erzeugen.

Durch den thermoplastischen Charakter dieser Klebstoffe können sie keinen hohen Temperaturen standhalten, da sie bereits weit unter der Schmelztemperatur im so genannten „Erweichungsbereich" an Festigkeit verlieren.[52]

Schmelzklebstoffe haben lösungsmittelhaltigen und chemisch reagierenden Klebstoffen folgende Vorteile:

   – sind frei von Lösungsmitteln und somit sind keine besonderen
Brandschutzvorkehrungen zu treffen

   – sind als Einkomponentenklebstoff verarbeitbar

   – haben sehr kurze Abbindezeiten[53]

4.2 Lösungsmittelklebstoffe

In lösungsmittelhaltigen Klebstoffen liegen thermoplastische Polymere in organischen Lösungsmitteln. „Der Lösungsmittelgehalt dieser Klebstoffe beträgt in der Regel 75 bis 85%."

Lösungsmittelklebstoffe haben eine große Bandbreite an Einsatzmöglichkeiten, da sie gute Benetzungseigenschaften auf vielen Substraten, vor allem auf lösungsmitteldurchlässigen, besitzen.[54]

Zum Abbinden muss das Lösungsmittel entweder erst abgedampft, oder teilweise von den Fügeteilen aufgenommen werden. Dieser Vorgang kann

---

52 vgl. Fonds der chemischen Industrie, 2001, Seite 25
53 vgl. Habenicht, 2001, Seite 43
54 vgl. Fonds der chemischen Industrie, 2001, Seite 21

durch eine erhöhte Temperatur beschleunigt werden.[55]

Durch das Verdampfen des Lösungsmittels können die Polymere die Kohäsion durch Van-Der-Waals-Kräfte und Verknäulungen zwischen den Thermoplast-Ketten ausbilden.[56]

Vorwiegend werden folgende Polymere, gegebenenfalls in Kombination mit klebrig machenden Harzen für Lösungsmittelklebstoffe eingesetzt:

- Polyvinylacetat und Copolymere

- Natur- und künstliche Kautschuke

- Nitrocellulose

- Acrylate

- Polyurethane[57]

Folgende Dinge sind für das Arbeiten mit lösungsmittelhaltigen Klebstoffen zu beachten um eine gute Klebung zu erzielen:

Lösungsmittelhaltige Klebstoffe eignen sich gut zum Kleben von porösen Werkstoffen, wie zum Beispiel Papier, Pappe, Holz, Kork, Leder, Textilien und Schaumstoffe. Sind die Poren jedoch zu groß, kann der aufgetragene Klebstoff „wegschlagen", sodass die Klebeschicht zu dünn wird. Dies kann durch einen zweiten Klebstoffauftrag oder den Einsatz eines Klebstoffs mit einer höheren Viskosität.[58]

Mindesttrockenzeit: In diesem Zeitraum entweicht der Großteil des Lösungsmittels nach dem Auftragen. Vor dem Vereinigen der Fügeteile sollte diese Zeit verstreichen, damit möglichst schnell eine hohe Anfangsfestigkeit erreicht wird.[59]

Maximale Trockenzeit: Hiermit wird die maximale Zeitspanne, in der eine Klebung gerade noch möglich ist. Ist die maximale Trockenzeit überschritten, wird die Kohäsionsfestigkeit der Klebeschicht beeinträchtigt, da sich die Polymerschichten bereits zu sehr verfestigt haben.

Heutzutage bemüht man sich in der Klebstoffentwicklung jedoch aus ökologischen Gründen von den lösungsmittelhaltigen Klebstoffen wegzukommen.[60]

---

55 vgl. Habenicht, 2001, Seite 45
56 vgl. Fonds der chemischen Industrie, 2001, Seite 21
57 vgl. Habenicht, 2001, Seite 45
58 vgl. Habenicht, 2001, Seite 47
59 vgl. Habenicht, 2001, Seite 46
60 vgl. Fonds der chemischen Industrie, 2001, Seite 22

4.3 Dispersionsklebstoffe

Bei Dispersionsklebstoffen handelt es sich um heterogene Systeme, bei denen Polymere in einer wässrigen Phase gelöst sind. Das Wasser dient hier als Lösungsmittel, jedoch mit dem Vorteil, dass es nicht brennbar und umwelttechnisch unbedenklich ist.[61]

Der Feststoffgehalt der Dispersion beträgt ca. 70%, jedoch besitzt diese Klebstoffart eine relativ geringe Viskosität, welche für eine gute Benetzung erforderlich ist.[62]

Die Klebstoffpolymere werden durch Emulgatoren und Hilfsmonomere in Schwebe gehalten, wodurch sie in flüssiger, verarbeitbarer Form vorliegen.[63]
(Siehe Anhang, Abbildung 4.)

Der Klebstoff bindet durch Verdunstung des Wassers ab. Die thermoplastischen Polymere nähern sich immer weiter an, bis es zu einer Verknäulung und Verfilzung dieser kommt. Dadurch bildet sich die Klebschicht aus. Neben der Ausbildung der Haftkräfte ergibt sie bei porösen Werkstoffen auch eine mechanische Verklammerung.

Voraussetzung für die Ausbildung der Klebschicht ist das Entweichen des Wassers. Dies kann bei glatten Flächen durch Abdampfen vor der Vereinigung der Fügeteile geschehen. Bei saugfähigen Oberflächen kann auch nach der Vereinigung ein Teil des Wassers in das Werkstück aufgenommen werden.

Der Abbindevorgang ist abhängig von der Temperatur und der Luftfeuchtigkeit der Umgebung und dem Aufbau der Dispersion.[64]

Meist wird der Klebstoff auf beide Fügeteile aufgetragen, welche nach dem Ablüften, bei welchem die Klebschicht durchsichtig wird, mit Druck zusammengefügt werden.[65] „Das Ablüften kann durch Wärme (Infrarot, Warmluft) verkürzt werden."[66]

Der Anwendungszweck bestimmt das eingesetzte Polymer.

Polyvinylacetat wird aufgrund seiner guten Haftung auf cellulosehaltigen Substraten wir Holz und Papier vor allem in Holzleimen eingesetzt. Aufgrund der physiologischen Unbedenklichkeit von Polyvinylidenchlorid wird es im

---

61 vgl. Ebeling, 2009, Seite 315
62 vgl. Habenicht, 1986, Seite 98
63 vgl. Fonds der chemischen Industrie, 2001, 23
64 vgl. Habenicht, 1986, Seite 99
65 vgl. Ebeling, 2009, Seite 316
66 Ebeling, 2009, Seite 315

Lebensmittelbereich als Kaschierklebstoff genutzt. Polychloropren wird in der Schuhindustrie verwendet, da es eine hohe Kohäsionsfestigkeit und Elastizität besitzt.[67]

4.4 Plastisole

Bei Plastisolen handelt es sich um ein in Weichmachern dispergiertes Polymer. Bei dem verwendeten Polymer handelt es sich meistens um Polyvinylchlorid (PVC).[68] PVC und Weichmacher liegen in den Verhältnissen 50:50 bis 80:20 vor. „Dabei bilden die PVC-Teilchen die innere, dispergierte Phase und der Weichmacher das Dispersionsmittel bzw. die äußere Phase."[69]
Zur Aushärtung wird die Klebschicht auf ca. 150°C bis 180°C erhitzt. Dabei verwandelt sich das PVC-Weichmacher-Sol in ein festes, irreversibles Gel um. Die PVC-Teilchen quellen auf und nehmen die Weichmachermoleküle, welche im Solzustand als Lösungsmittel für das PVC wirken[70] in sich auf, wobei sich die polaren Gruppen der Weichmacher an die polaren Chloratome des PVCs anlagern.[71] (Siehe Anhang, Abbildung 5.)
„Als Weichmacher kommen im wesentlichen Trikresylphosphat, Dibutylphthalat und Dioctylphthalat zum Einsatz [...].[72]
Somit verwandelt sich das PVC in weiches PVC um, welches im thermoplastischen Zustand vorliegt. Deshalb hat es keine besonders große Wärmebeständigkeit, welche jedoch durch die Zugabe von chemisch härtenden Komponenten, wie zum Beispiel Epoxidsystemen, erhöht werden kann.
„Plastisole sind verhältnismäßig günstig und erreichen auch auf nicht vorbehandelten Stahloberflächen oder auf zum Korrosionsschutz eingeölten Karosserieblechen hohe Haftung und Beständigkeit."[73]
Plastisole werden hauptsächlich im Karosseriebau zur Abdichtung gegen Feuchtigkeit und Vibrationsdämpfung eingesetzt.[74]

---

67 vgl. Fonds der chemischen Industrie, 2001, Seite 24, Tabelle 4
68 vgl. Brockmann, 2005, Seite 240
69 Habenicht, 1986, Seite 114
70 vgl. Brockmann, 2005, Seite 34
71 vgl. Habenicht, 1986, Seite 113, 114
72 Habenicht, 1986, Seite 114
73 vgl. Brockmann, 2005, Seite 34
74 vgl. Fonds der chemischen Industrie, 2001, Seite 26, 27

5. Chemisch härtende Klebstoffe

Die chemisch härtenden Klebstoffe liegen noch nicht in ihrem chemischen Endzustand vor. Deshalb muss vor dem Auftragen, beziehungsweise in der Klebefuge eine chemische Reaktion stattfinden. Deshalb handelt es sich bei chemisch härtenden Klebstoffen um Reaktionsklebstoffe.

Damit die Reaktion erst zum gewollten Zeitpunkt stattfindet muss die Reaktion zum festen Klebstoff so lange blockiert werden. Die Art der Trennung richtet sich danach, wie die Klebstoffe aushärten: reagieren die Reaktionspartner nach dem Mischen spontan, das heißt bereits bei Zimmertemperatur miteinander, müssen sie als zwei Komponenten gelagert werden. „[…] (s)Sie befinden sich als Grundstoff „Harz" und „Härter" in getrennten Behältern, sie sind also mechanisch blockiert. Erst kurz vor dem Auftrag werden sie zum eigentlichen Klebstoff gemischt."[75]

Die Einhaltung der Mischungsverhältnisse ist sehr wichtig. Das Monomer A benötigt immer ein Monomer B um das Polymer AB zu bilden. Ist zu viel von einer Komponente im Überschuss vorhanden, so kann dieser Überschuss nicht an der Reaktion teilnehmen und die Klebeschicht härtet nicht endgültig aus und erreicht nicht ihre maximale Stärke. [76]

Liegt der Klebstoff bereits in der endgültigen Mischung vor, so handelt es sich um einen Einkomponentenklebstoff, welcher chemisch blockiert ist. „Solange sie nicht die besonderen Bedingungen vorfinden, bei denen der Härter aktiviert wird, kleben sie nicht."[77]

„Die Reaktion kann ausgelöst werden durch:

- Luftabschluss und Metallkontakt (z.B. anaerobe Klebstoffe)

- Luftfeuchtigkeit (z.B. Cyanacrylate)

- Wärmezufuhr (z.B. Einkomponenten-Reaktionsklebstoffe)

- Einfluss von Strahlen (z.B. UV- oder Elektronenstrahl-härtende Acrylate)

Weitere Auslöser für eine chemische Reaktion von chemisch härtenden Klebstoffen sind:

„-Vermischen von zwei oder mehreren Komponenten (z.B. kalt- und warmhärtende Reaktionsklebstoffe)

-Verdunsten oder Ablüften organischer Lösungsmittel und anschließende

---

75 vgl. Fonds der chemischen Industrie, 2001, Seite 28, 29
76 vgl. Habenicht, 2001, Seite 14
77 vgl. Fonds der chemischen Industrie, 2001, Seite 27, 28

Reaktion von zwei Komponenten (z.B. lösungsmittelhaltige Reaktionsklebstoffe)

–Erstarren einer Schmelze und anschließende Reaktion von zwei Komponenten (z.B. reaktive Polyurethan-Schmelzklebstoffe)"[78]

Besonders bei Einkomponentenklebstoffen muss das Behältnis, in dem sie transportiert und aufbewahrt werden der Klebstoffklasse angepasst werden. Zum Beispiel müssen anaerob härtende Klebstoffe ständigen Sauerstoffzutritt haben, damit sie nicht vorzeitig aushärten.[79]

Im Folgenden werde ich die drei Reaktionen zur Polymerbildung erläutern.

5.1 Polymerisation

„Bei der Reaktionsart der Polymerisation nützt man die Reaktivität von Doppelbindungen aus."[80] Deshalb kommen nur Monomere mit mindestens einer Kohlenstoff-Kohlenstoff-Doppelbindung für diese Reaktion in Frage. Doppelbindungen besitzen einen höheren Energiegehalt als Einfachbindungen. Aufgrund der allgemeinen Tendenz von einem energiereicheren in einen energieärmeren Zustand überzugehen, kommt es zu einer Aufrichtung der Doppelbindung. Die aus der Ausrichtung der Doppelbindung resultierende Bifunktionalität ermöglicht die Aneinanderreihung vieler Moleküle zu einem Polymer.[81]

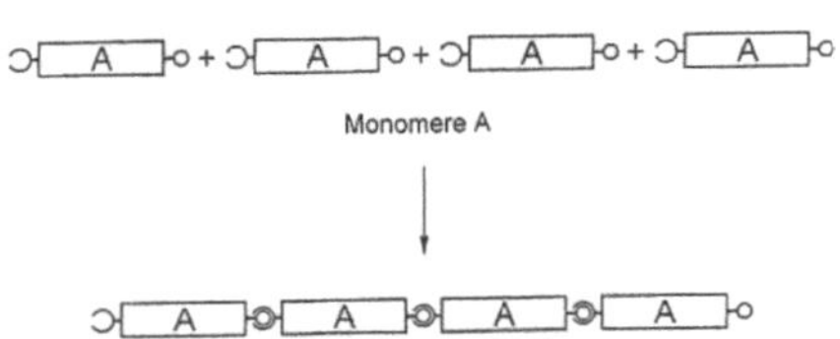

Schema der Polymerisation; Habenicht, 2001, Seite 32, Abbildung 5.3

„Das Aufrichten der Doppelbindung bedarf es einer Aktivierung der Bindungsenergien im Monomermolekül. Diese Aktivierung kann erreicht werden durch:"

– geeignete Katalysatoren

---

78 Habenicht, 1986, Seite 319
79 vgl. Fonds der chemischen Industrie, 2001, Seite 28, 30
80 Glöckner, 1982, Seite 6
81 vgl. Habenicht, 2009, Seite 15, 16

– Radikale, die eine anionische, kationische oder radikalische Polymerisation herbeiführen

– Strahlung, z.B. UV-Strahlung[82]

5.1.1 Radikalische Polymerisation am Beispiel von Polyethen

Polyethen besteht aus dem Monomer Ethen.

Die radikalische Polymerisation teilt sich in vier Phasen auf: die Startreaktion, den Kettenstart, das Kettenwachstum und den Kettenabbruch.[83]

Startreaktion: Als Radikalbildner ist Dibenzoylperoxid zur Polymerherstellnung besonders gut geeignet. Dieses lässt sich durch leichte Erwärmung oder Licht in zwei Radikale spalten.[84] Die Radikale besitzen ungepaarte Elektronen, welche das Bestreben besitzen sich mit anderen Elektronen zu paaren.[85]

Spaltung von Dibenzolperoxid durch Licht in zwei Radikale;
http://www.chempage.de/theorie/radpoly.htm

Die C-C-Doppelbindungen des Ethens eigenen sich besonders gut für das Eingehen einer solchen Bindung.

Kettenstart: Nähert sich ein Radikal einer Doppelbindung eines Ethenmoleküls, so wird die Doppelbindung aufgespalten und das Radikal und das Ethen gehen eine Bindung ein.[86] Dabei entsteht ein neues Radikal, diesmal jedoch an einem C-Atom der ursprünglichen Doppelbindung. Dieses kann nun mit weiteren Ethenmolekülen reagieren.[87]

Kettenstart durch Bindung eines Radikals an ein Ethenmolekül nach Aufspaltung der C-C.Doppelbindung im Ethenmolekül; http://www.chempage.de/theorie/radpoly.htm

---

82 vgl. Habenicht, 2009, Seite 16
83 vgl. http://www.chempage.de/theorie/radpoly.htm
84 vgl. http://www.chempage.de/theorie/radpoly.htm
85 vgl. http://www.chemie.fu-berlin.de/chemistry/kunststoffe/polyradi.htm
86 vgl. http://www.chemie.fu-berlin.de/chemistry/kunststoffe/polyradi.htm
87 vgl. http://www.chempage.de/theorie/radpoly.htm

Kettenwachstum: Das neu entstandene Radikal reagiert nun mit weiteren Ethenmolekülen und es entsteht ein Makromolekül, in diesem Fall Polyethen.[88]

Kettenwachstum durch Fortschreiten der Kettenreaktion;
http://www.chempage.de/theorie/radpoly.htm

Kettenabbruch: Trifft nun ein Radikal auf ein anderes, so entsteht ein neues Molekül und die Reaktion bricht ab.

Kettenabbruch durch Rekombination zweier Radikale;
http://www.chempage.de/theorie/radpoly.htm

Die Kettenlänge hängt von den Reaktionsbedingungen wie Temperatur, Konzentration der Monomermoleküle und der Radikale.[89]

5.1 Polyaddition

Bei der Polyaddition werden keine Kohlenstoff-Kohlenstoff-Doppelbindungen aufgespalten wie bei der Polymerisation, sondern es lagern sich verschiedene reaktive Monomermoleküle aneinander unter der gleichzeitigen Wanderung eines Wasserstoffatoms von einer Komponente zur anderen.[90]

Schematische Darstellung des
Aufbrechens der Doppelbindung mit der
Schaffung zweier neuer
Bindungsmöglichkeiten; Habenicht,
2001, Seite 30

---

88 vgl. http://www.chempage.de/theorie/radpoly.htm
89 vgl. http://www.chempage.de/theorie/radpoly.htm
90 vgl. Habenicht, 2009, Seite 73

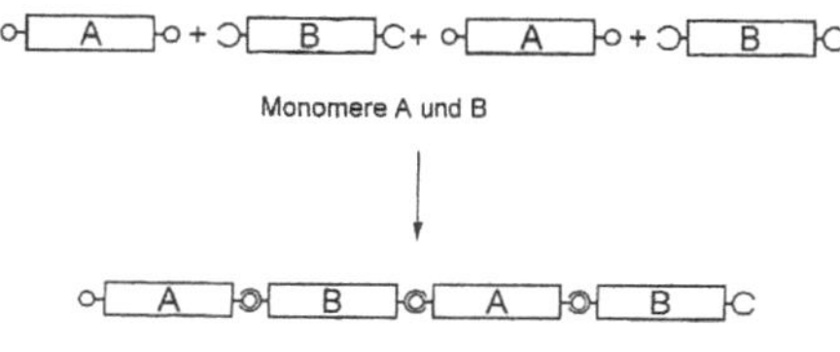

Schema der Polyaddition; Habenicht, 2001, Seite 22, Abbildung 5.1

„Vorzugsweise werden Verbindungen addiert, die über ein aktives (bewegliches) Wasserstoffatom verfügen, zum Beispiel das Wasserstoffatom einer OH-Gruppe […].[91]

5.1 Polyaddition am Beispiel von Polyurethan

Die Polyurethane leiten sich von der Isocyansäure (H-N=C=O) ab. Die Reaktivität dieser Säure beruht hauptsächlich auf dem ausgeprägten positiven Ladungscharakter des C-Atoms in der Stickstoff-Kohlenstoff-Sauerstoff-Bindung.

Polyurethan geht aus der Addition eines Diisocyanats und eines bifunktionalen Alkohols (Diol) hervor. Die Reaktion zu einem linearen Polyurethan läuft schematisch nach folgender Reaktionsgleichung ab:[92]

$$R_1-N=C=O \quad + \quad R_2-OH \longrightarrow R_1-\underset{\underset{H}{|}}{N}-\underset{\underset{O}{\|}}{C}-O-R_2$$

$$\text{Isocyanat} \qquad \text{Alkohol} \qquad \text{Urethan}$$

Reaktionsgleichung von Isocyanat und Alkohol zu Urethan; Habenicht, 2009, Seite 92, Abbildung 2.73

Die H-Atome beider OH-Gruppen des Diols binden nach der Aufspaltung der Doppelbindung zwischen Stickstoff und Sauerstoff des Isocyanats an die frei gewordene Bindung des N-Atoms. An die freigewordene Bindung des C-Atoms

---

91 vgl. Habenicht, 2009, Seite 92
92 vgl. Habenicht, 2009, Seite 92

bindet ein Sauerstoffatom von einem Ende des Diisocyanats. Das Sauerstoffatom am anderen Ende des Diisocyanats bindet an die freie Bindung des C-Atoms des nächsten Diols.[93]

5.2 Polykondensation

Die Polykondensation grenzt sich deutlich von der Polyaddition und der Polymerisation ab. Bei der der Polykondensation wird bei der Reaktion zweier Monomere zu einem Polymermolekül ein einfaches Molekül wie zum Beispiel Wasser, Säure oder Alkohol abgespaltet.

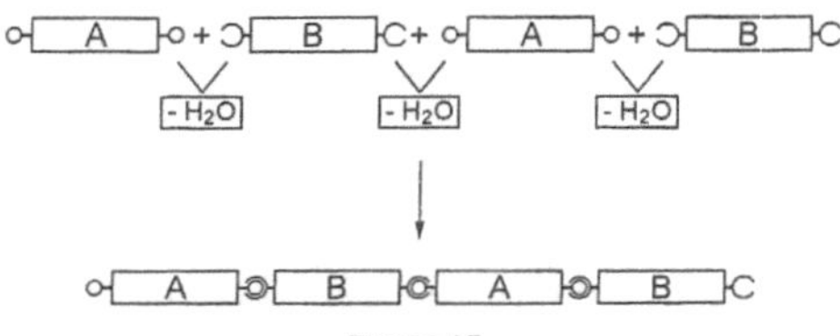

Polymer AB

Schematische Darstellung der Polykondensation;
Habenicht, 2001, Seite 39, Abbildung 5.6

Die entstehende Klebschicht liegt nach der Reaktion mit den entstehenden Nebenprodukten vor, was entsprechende Maßnahmen bei der Verarbeitung erfordert.[94] Wird Wasser abgespalten müssen die Klebstoffe, wenn undurchlässige Teile verklebt werden, bei hoher Temperatur und hohem Druck in sog. Autoklaven ausgehärtet werden, um eine Vergrößerung des Volumens der Klebschicht durch Dampfblasenbildung zu verhindern.[95]

Folgende Polykondensate werden am häufigsten als Klebstoffe verwendet:

- Formaldehydkondensate

- Polyamide

- Polyester

- Silikone[96]

93 vgl. Habenicht, 2009, Seite 93 Abbildung 2.48
94 vgl. Habenicht, 2009, Seite 107
95 vgl. Habenicht, 2001, Seite 38
96 vgl. Habenicht, 2001, Seite 108

6 Einsatzmöglichkeiten von Klebstoffen

Wie bereits erwähnt finden Klebstoffe in vielen Fällen Anwendung. Zum Schluss dieser Facharbeit will ich noch ein paar Beispiele nennen:

Elektrisch leitende Klebstoffe ersetzen zum Beispiel in der Chipmontage bleihaltige Lötverbindungen. Gegenüber der Löttechnik besitzen Klebungen eine bessere Feuchtigkeits- und Wärmebeständigkeit und die Werkstücke werden nicht durch extrem hohe Temperaturen belastet.[97]

Lange Zeit wurden Klebestoffe in der Medizin nur auf selbstklebenden Pflastern verwendet. Manchmal wird das Nähen von kleineren Wunden durch das Verkleben mit Cyancrylatklebstoffen ersetzt. Cyancrylat wird dem Methyl- und Ethylester vorgezogen, da es langsamer aushärtet und weniger Wärme bei der Polymerisation entsteht.[98]

In der Zahntechnik wurden alte Füllmaterialien, insbesondere Amalgam, durch UV-härtende Acrylate ersetzt. Diese besitzen eine lange Verarbeitungszeit, binden jedoch unter UV-Licht minutenschnell ab. Selbige werden auch in der Kieferorthopädie als Klebstoff für festsitzende Zahnspangen verwendet.[99]

---

97 vgl. http://www.polytec-pt.de/ger/default_6541.asp
98 vgl. Fonds der chemischen Industrie, 2001, Seite 55, 56
99 vgl. Fonds der chemischen Industrie, 2001, Seite 56

7 Anhang

Abbildung 1:

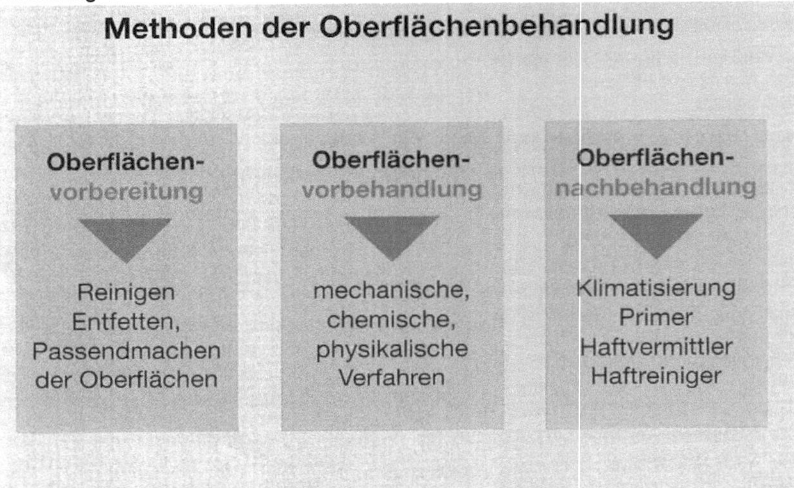

Abbildung 1: Methoden der Oberflächenbehandlung; Fonds der chemischen Industrie, 2001, Seite 18, Abbildung 9

Abbildung 2:

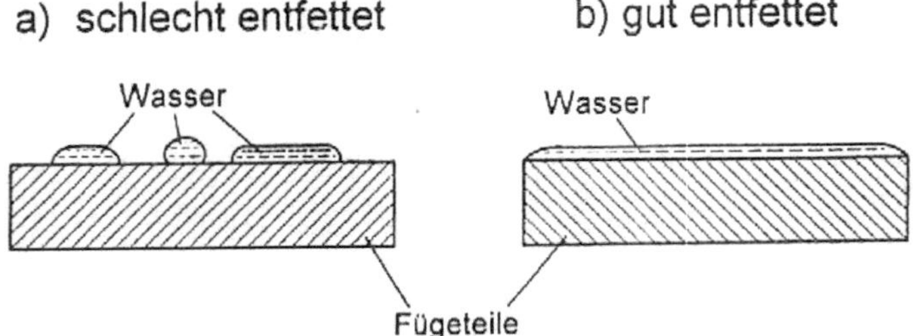

Abbildung 2: a) schlechte Entfettung, Wasser kann nicht gut benetzen; b) gute Entfettung, Wasser kann gut benetzen; Habenicht, 2001, Seite 68, Abbildung 9.4

Abbildung 3:

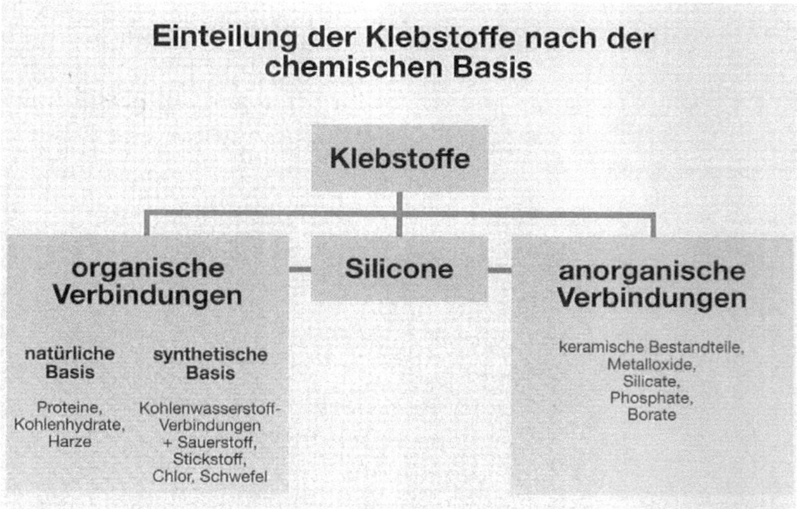

Abbildung 3: Einteilung der Klebstoffe nach der chemischen Basis; Fonds der chemischen Industrie, 2001, Seite 19, Abbildung 10

Abbildung 4:

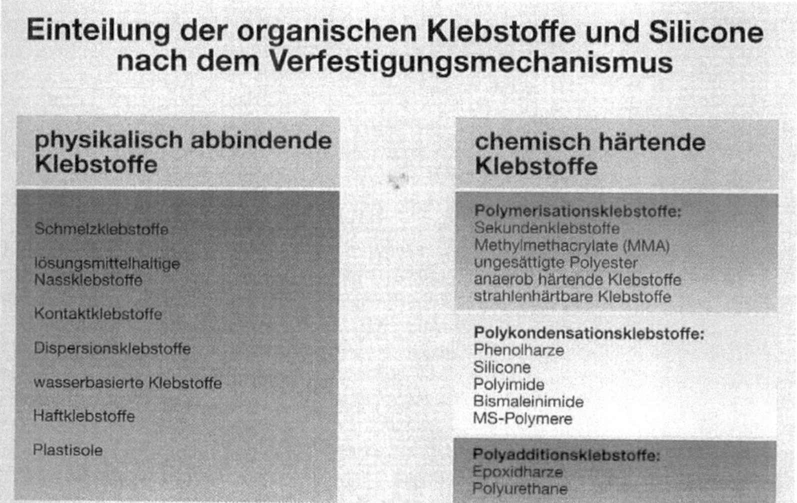

Abbildung 4: Einteilung der organischen Klebstoffe und Silicone nach dem Verfestigungsmechanismus; Fonds der chemischen Industrie, 2001, Seite 19, Abbildung 11

Abbildung 5:

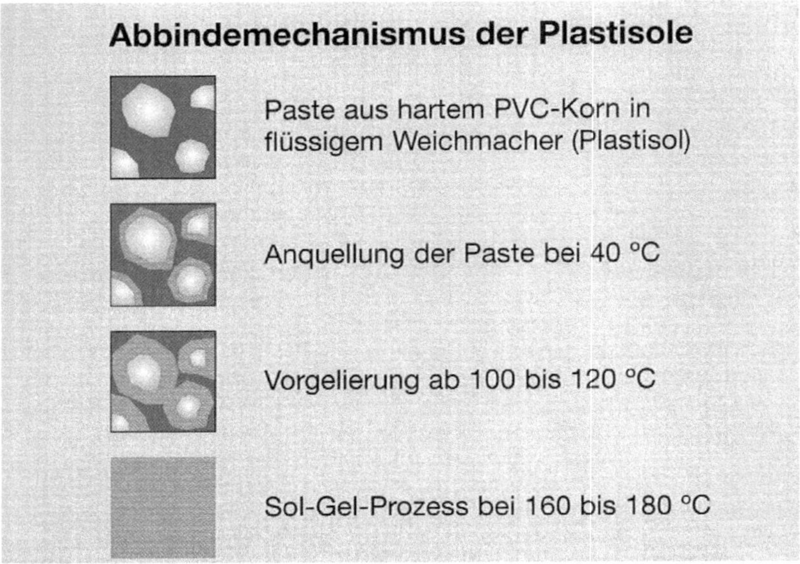

Abbildung 5: Abbindemechanismus der Plastisole; Fonds der chemischen Industrie, 2001, Seite 27

8 Literaturverzeichnis

8.1 Bücher

Industrieverband Klebstoffe / Fond der Chemischen Industrie,
Informationsserie des Fonds der Chemischen Industrie 27 Kleben/Klebstoffe,
Frankfurt am Main: 2009[1]

Brockmann, Walter; Geiß, Paul Ludwig; Klingen Jürgen; Schröder, Bernhard:
Klebtechnik
Weinheim: WILEY-VCH Verlag 2005

Ebeling, Dipl.- Ing. Friedrich-Wolfhard; Schwarz, Dr.- Ing. Otto; Furth, Dipl.- Ing.
Brigitte:Kunststoffverarbeitung
Würzburg: Vogel Buchverlag 2009[11]

Glöckner, Prof. Dr. Wolfgang; Führmann, Albert; Grziwok, Eberhard; bearbeitet
von Prof. Dr. Michael Schallies:
Kunststoffe, Farbstoffe, Waschmittel
Bamberg: C.C. Buchner Verlag 1982[1]

Habenicht, Gerd:
Kleben – erfolgreich und fehlerfrei
Braunschweig/ Wiesbaden: Vieweg Verlag 2001[2]

Habenicht, Gerd:
Kleben: Grundlagen, Technologie, Anwendungen
Berlin, Heidelberg, New York, Tokyo: Springer-Verlag 1986[1]

Habenicht, Gerd:
Kleben: Grundlagen, Technologien, Anwendungen
Berlin, Heidelberg: Springer-Verlag 2009[6]

Hart, Harold; Craine, Leslie E.; Hart, David J.; Hadad, Christopher M.:

Organische Chemie

Weinheim: WILEY-VCH Verlag 2007[3]

8.2 Zeitschriften

Wagner, Günter:

Naturwissenschaften im Unterricht – Chemie: Kleben und Verbinden

Heft 80, März 2004, 15. Jahrgang

Großberger, Klemens; Alfred, Schleip:

Kleben im Alltag, in: Praxis der Naturwissenschaften – Chemie: Klebstoffe

Heft 7/38, 15. Oktober 1989, 38. Jahrgang, Seite 2-10

8.3 Internetseiten

1. www.uni-bayreuth.de/departments/didaktikchemie/umat/klebstoffe.htm Stand: 24.01.2002 [Seite nicht mehr verfügbar, liegt in ausgedruckter Form vor]

2. http://www.chemieonline.de/forum/showthread.php?t=55553 Stand: 18.02.2011

3. http://www.kofler-dichtungen.at/technik/werkstoffe/elastomereplastomere/index.php Stand: 19.02.2011

4. http://de.wikipedia.org/wiki/Klebstoff Stand: 18.02.2011

5. http://de.wikipedia.org/wiki/Thermoplast Stand: 19.02.2011

6. http://www.chempage.de/theorie/radpoly.htm Stand: 02.03.2011

7. http://www.chemie.fu-berlin.de/chemistry/kunststoffe/polyradi.htm Stand: 02.03.2011

8. http://www.polytec-pt.de/ger/default_6541.asp Stand: 03.03.2001